셰 프 를 위 한

모던
브런치요리
& 음료

민경천 · 김창현 공저

다양하게 변화되는
브런치요리 트렌드에 따른
메뉴 제안

Modern Brunch Cuisine
& Beverage

ⓑ (주)백산출판사

Prologue

1900년대 후반 국내에서 크고 작은 국제행사가 치러지면서 서양요리 문화가 자연스럽게 국내에 유입되기 시작했다. 2000년대에 들어서면서 소득수준과 생활수준의 향상과 더불어 즐기는 문화와 가치 지향적인 삶을 추구하는 사람들이 증가하였다. '웰빙'(Well-being), '웰니스'(Wellness)라는 신조어가 생겨나듯, 바쁜 일상에 지친 많은 사람들이 스트레스에서 벗어나 여유와 행복, 건강을 추구하려는 것이다. 이러한 자연스러운 삶의 현상에 따라 음식문화도 다양하게 변화하고 있고, 그 속도는 매우 빠르게 진행되고 있다.

브런치(Brunch)라는 용어는 영국에서 탄생하였다는 설이 있지만, 뉴욕에서 활발하게 전개되어 국내에도 많은 브런치 레스토랑이 생겨났다. 브런치 레스토랑은 캐주얼(Casual) 레스토랑의 개념으로, 다이닝(Dining) 레스토랑보다 편하고 가볍게 즐길 수 있는 것이 특징이다. 주로 서양식 조식 메뉴인 달걀요리를 포함하여 팬케이크, 샌드위치, 샐러드 등을 커피, 음료와 함께 즐긴다. 근래에 들어서는 이를 좀 더 확산시켜 피자, 파스타, 스테이크 등의 메뉴도 포함하여 판매하는 레스토랑이 증가하고 있다. 또한, 컨셉도 서양요리뿐 아니라 한식, 중식, 브런치 뷔페, 샐러드 뷔페 등의 다양한 브런치 레스토랑도 생겼다. 실제로 현대 브런치 레스토랑의 특징은 명확한 경계를 나누지 않고 가볍게 즐기는 캐주얼 레스토랑의 개념으로 이해하는 것이 좋을 듯하다.

이렇듯 다양하게 변화되는 브런치 레스토랑의 주방에서 종사하는 실무자들에게 도움이 될 수 있도록 트렌드에 따른 메뉴를 제안하고자 한다. 이 책은 준비과정을 시작으로 애피타이저, 샐러드, 조식, 수프, 파스타, 주요리, 디저트, 음료로 구성하였으며 저자가 직접 조리하고 판매했던 메뉴들이다. 불필요한 이론보다는 실무조리에 집중하였으며 영업장에 따라 재료나 레시피를 재구성하여 사용하면 도움이 될 것이라 생각한다.

Contents

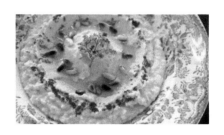

Beverage / 103

미쟝플라스
Mise en Place

'Mise en Place'는 레스토랑의 주방에서 영업을 위한 조리
를 하기 위해 사전에 필요한 부재료의 밑작업을 하는 것
을 의미한다. 미쟝플라스가 잘 되어 있어야 바쁜 시간대
에 늦지 않게 음식을 조리하여 고객에게 제공할 수 있다.
줄여서 '미쟝'이라고도 한다.

소스
Sauce

라구소스 *Ragu Sauce*

재료

다진 쇠고기 500g, 양파 200g, 다진 마늘 30g, 셀러리 70g, 당근 100g, 토마토홀 20개, 밀가루 100g, 토마토페이스트 50g, 레드와인 100ml, 우스터소스 100ml, 건오레가노, 건타임, 올리브오일, 정수, 소금, 통후추

방법

1. 미르쁘와와 토마토홀은 브루노와즈(Brunoise)로 컷한다.
2. 미르쁘와와 당근, 쇠고기, 밀가루를 볶고 레드와인 플람베한다.
3. 토마토홀, 토마토페이스트, 우스터소스를 넣고 볶다가 정수, 오레가노, 타임을 넣고 소금, 통후추로 간한다.

바질페스토 *Basil Pesto*

재료

바질 20g, 포항초 10g, 구운 잣 30g, 마늘 2개, 그라나파다노 30g, 올리브오일 100ml

방법

모든 재료를 블렌더에 갈아 사용한다.

베샤멜소스 *Bechamel Sauce*

재료

중력분 40g, 우유 500ml, 버터 40g, 월계수 잎 1장, 넛맥 1g, 소금, 백후추

방법

1. 팬에 버터를 녹이고 중력분을 넣어 약한 불에서 볶는다.
2. 우유를 넣어 풀어주고 월계수 잎과 넛맥, 소금, 후추를 넣어 끓인다.
3. 체에 거른다.

브라운소스 *Brown Sauce*

재료

양파 150g, 당근 70g, 셀러리 30g, 버터 70g, 밀가루 80g, 토마토페이스트 60g, 쇠고기육수 2L, 월계수 잎 1장, 타임 2잎, 통후추 7개

방법

1. 미르쁘와(Mirepoix)는 다이스로 썰어 버터 두른 팬에 갈색으로 볶는다.
2. 토마토페이스트를 넣고 볶다가 밀가루를 넣어 볶는다.
3. 쇠고기육수와 허브를 넣어 시머링(Simmering)하고 농도를 확인하여 면포에 거른다.

토마토살사 *Tomato Salsa*

재료

토마토 1개, 할라피뇨 20g, 고수 2g, 올리브오일 10g, 레몬주스 8g, 소금, 통후추

방법

1. 토마토는 씨를 제거하고 다이스(Dice)컷하고 할라피뇨, 고수는 거칠게 다진다.
2. 모든 재료를 믹스한다.

토마토소스 *Tomato Sauce*

재료

토마토홀 2.5kg, 치킨육수 200ml, 올리브오일 50ml, 다진 마늘 20g, 다진 양파 100g, 월계수 잎 2장, 설탕 20g, 건오레가노 3g, 전분물, 소금, 통후추

방법

1. 토마토홀은 으깨어 굵은체에 거른다.
2. 양파, 마늘은 볶고 토마토홀과 치킨육수를 넣어 끓인다.
3. 오레가노와 설탕, 소금, 통후추를 넣고 전분물로 수분을 유화시킨다.

썬 드라이 토마토 페스토 *Sun Dried Tomato Pesto*

재료

썬 드라이 토마토 10개, 마늘 1개, 바질 2잎, 올리브오일 100ml, 그라나파다노 20g

방법

모든 재료를 블렌더에 갈아 사용한다.

씨 겨자소스 *Whole Grain Mustard Sauce*

재료

마요네즈 100g, 프렌치머스터드 10g, 씨 겨자 20g, 꿀 20g, 레몬주스 15ml

방법

레몬주스에 꿀을 녹이고 나머지 재료를 믹스한다.

K-치폴레소스 *K-Chipotle Sauce*

재료

마요네즈 100g, 고추장 12g, 설탕 8g, 레몬주스 10ml

방법

레몬주스에 설탕을 녹이고 나머지 재료를 믹스한다.

육수
Stock

닭육수 *Chicken Stock*

재료

닭뼈 1kg, 정수 2L, 양파 200g, 당근 100g, 셀러리 100g, 월계수 잎 2장, 정향 2개, 통후추 7개

방법

정수에 닭 뼈를 넣고 끓여 스키밍(Skimming)하고 채소와 허브를 넣어 40분~1시간 시머링 후 면포에 거른다.

생선육수 *Fish Stock*

재료

흰살생선뼈 300g, 버터 30g, 화이트와인 60ml, 양파 50g, 셀러리 30g, 양송이버섯 5개, 월계수 잎 2잎, 정향 2개, 타임 2잎, 통후추 7개, 정수 1L

방법

1. 약한 불에서 버터를 녹여 뼈를 볶고 채소를 넣어 볶는다.
2. 화이트와인으로 플람베하고 정수와 허브를 넣고 30분 정도 끓여 면포에 거른다.

쇠고기육수 *Beef Stock*

재료

소뼈 2kg, 양파 3개, 당근 1개, 셀러리 200g, 마늘 5개, 파슬리 3줄기, 동후추 5g, 정수 5L, 월계수 잎 3잎, 정향 5개, 버터 50g, 타임 3잎

1. 소뼈는 오븐에서 갈색으로 태우고 미르쁘와와 마늘은 팬에서 갈색으로 볶는다.
2. 정수에 갈색 뼈, 채소, 허브를 넣고 1~2시간 시머링(Simmering)하여 면포에 거른다.

드레싱
Dressing

레몬 허브드레싱 *Lemon Herb Dressing*

재료

레몬주스 100ml, 올리브오일 250ml, 꿀 70g, 설탕 20g, 건오레가노, 소금, 통후추

방법

레몬주스에 설탕, 소금을 녹이고 섞어서 유화한다.

랜치드레싱 *Ranch Dressing*

재료

마요네즈 100g, 플레인 요구르트 150g, 레몬주스 30g, 양파 30g, 꿀 20g, 소금, 통후추

방법

양파는 다지고 모든 재료를 믹스한다.

발사믹 드레싱 *Balsamic Dressing*

재료

올리브오일 200ml, 발사믹 식초 70ml, 다진 양파 30g, 꿀 30g, 소금, 통후추

방법

발사믹 식초에 꿀, 소금을 녹이고 나머지 재료를 넣어 유화한다.

시저드레싱 *Caesar Dressing*

재료

다진 양파 50g, 다진 마늘 20g, 올리브오일 200ml, 발사믹 식초 70ml, 달걀노른자 5개, 프렌치
머스터드 20g, 앤초비 3개, 소금, 통후추

방법

올리브오일을 제외하고 블렌딩한 후 올리브오일을 조금씩 넣으며 섞어준다.

제과제빵
Bakery & Pastry

샌드위치용 식빵 *Pullman Bread*

재료

강력분 350g, 정수 110ml, 우유 100ml, 설탕 25g, 버터 35g, 소금 7g, 이스트 5g, 소금 2g

방법

1. 모든 재료를 반죽하여 40분 정도 발효하고 분할하여 20분간 2차 발효한다.
2. 2절 접기 후 틀에 넣어 15분간 발효하고 180℃에서 30분간 굽는다.

와플반죽 *Waffle Mixture*

재료

박력분 550g, 달걀 300g, 우유 500ml, 설탕 170g, 소금 10g, 베이킹파우더 20g

방법

우유에 설탕, 소금을 녹이고 나머지 재료를 섞어 체에 거른 후 사용한다.

잉글리시 머핀 *English Muffin*

재료

강력분 250g, 정수 150ml, 우유 60ml, 올리브오일 10ml, 이스트 4g, 소금 2g

방법

1. 강력분에 이스트와 소금을 넣고 섞어 우유, 정수, 올리브오일을 넣어 반죽한다.
2. 1시간 실온 발효한 뒤 분할하여 틀에 넣고 190℃에서 20~25분간 굽는다.

크레페 반죽 *Crepe Mixture*

재료

박력분 200g, 설탕 50g, 우유 300ml, 달걀노른자 2개, 바닐라에센스 3ml

방법

우유에 설탕을 녹이고 박력분, 달걀노른자, 바닐라에센스를 섞어 체에 내린다.

팬케이크 반죽 *Pancake Mixture*

재료

박력분 170g, 설탕 50g, 우유 150ml, 버터 25g, 달걀 2개, 베이킹파우더 2g, 바닐라에센스 3ml, 소금 2g

방법

1. 박력분과 베이킹파우더는 체에 거른다.
2. 우유에 설탕, 소금을 녹이고 모든 재료를 섞어 체에 거른다.

퍼프 페스트리 시트 *Puff Pastry Sheet*

재료

박력분 300g, 버터 150g, 소금 2g, 설탕 10g, 정수 100ml

방법

1. 박력분, 설탕, 소금을 체에 거르고 버터 50g, 정수를 넣고 반죽하여 냉장고에 30분간 휴지한다.
2. 밀대로 밀어 버터를 올리고 3장 접기 하여 20분간 냉장 휴지한다.(3~4번 반복)

피타 브레드 *Pita Bread*

재료

중력분 500g, 드라이 이스트 20g, 정수 320ml, 올리브오일 30ml, 설탕 5g, 소금 5g

방법

1. 웜(Warm)시킨 정수에 이스트와 설탕, 소금을 넣고 녹인다.
2. 모든 재료를 섞어 반죽한 뒤 올리브오일을 발라 1시간 동안 발효한다.
3. 덧가루를 뿌려가며 분할하여 30분간 발효하고 밀대로 성형하여 15분간 발효한다.
4. 230℃에서 4분간 굽는다.

믹스채소 *Mix Vegetable*

재료

양상추 200g, 롤라로사 100g, 그린치커리 100g, 레드치커리 100g, 겨자 잎 50g

방법

모든 재료를 찬물에 담근 후 수분을 제거하고 한입 크기로 떼어 놓는다.

샤프론 라이스 *Saffron Rice*

재료

쌀 500g, 정수 750ml, 샤프론 0.2g

방법

밥 지을 때 샤프론을 첨가한다.(색을 내기 위해 치자를 이용해도 된다.)

정제버터 *Refined Butter*

재료

버터 450g

방법

약한 불에서 불순물이 가라앉을 때까지 끓여 소창에 거른다.

치킨파우더 *Chicken Powder*

재료

중력분 150g, 전분 15g, 백후추 1g, 칠리파우더 5g, 설탕 10g, 소금 5g, 강황가루 5g, 건타임

방법

1. 입자가 굵은 재료(소금, 설탕, 건타임)는 블렌딩 후 거르거나 미분형태의 재료를 사용하는 것이 좋다.
2. 모든 재료를 비닐 팩에 넣고 흔들어 섞어준다.(대량으로 준비할 때는 스탠드 믹서에 공기를 차단하여 믹스한다.)

허브에센스 *Herb Essence*

재료

레몬 1/2개, 양파 1/4개, 식초 50ml, 정수 100ml, 통후추 5개, 파슬리줄기 2개, 타임 1잎, 월계수 잎 1장

방법

레몬은 즙을 짜고 껍질도 사용한다. 모든 재료를 약한 불에 1/2로 조려 식으면 사용한다.

Modern Brunch Cuisine & Beverage

브런치요리

Brunch Cuisine

스위트 피클

Mixed Sweet Pickle

백오이 500g, 방울토마토 15개, 양파 1개, 홍고추 3개, 식초 300ml, 설탕 350g, 정수 900ml, 소금 20g, 피클링 스파이스 5g

준비_Prepare

1. 백오이는 돌기를 제거하고 깨끗이 씻어 씨를 제거한 뒤 6×1cm 크기로 자른다.
2. 양파는 두껍게 채 썰고 홍고추는 가운데 칼집을 낸다.

조리_Cooking

1. 정수, 식초, 설탕, 꽃소금, 피클링 스파이스를 한소끔 끓인다.
2. 피클액이 미지근하게 식으면 오이, 방울토마토, 양파, 홍고추를 넣고 절인다.
3. 냉장고에서 6시간 이상 절인 후에 사용한다.

담기_Plating

주메뉴의 사이드로 제공한다.

로스트토마토 카프레제

Roasted Tomato Caprese

믹스채소 50g, 생모차렐라치즈 1/2개, 토마토 1/2개, 발사믹 크림 15g,
발사믹 드레싱 20ml, 올리브오일 30ml, 마늘 1개, 타임 1잎, 그라나파다노 2g,
어린잎 3g, 소금, 통후추

준비_Prepare

1. 믹스채소는 찬물에 담가 물기를 제거한다.
2. 양파와 마늘은 다지고 토마토와 모차렐라치즈는 1/6의 웨지(Wedge)
   로 자르고 잣은 팬에 굽는다.

조리_Cooking

로스트토마토 : 토마토에 올리브오일, 다진 마늘, 타임, 소금, 통후추를 고
루 뿌려 200℃ 오븐에 10분간 굽는다.

담기_Plating

믹스채소 → 모차렐라치즈 → 로스트토마토 → 발사믹 드레싱 → 바질페스
토 순으로 담고 어린잎을 보기 좋게 토핑한다.

새우&버섯 볼오방

Vol au Vent with Shrimp & Mushroom

새우 5마리, 애느타리버섯 10g, 양송이버섯 3개, 생크림 50ml, 씨 겨자 10g,
양파 15g, 마늘 1/2개, 페스트리 시트(7×7cm) 2장, 버터 15g, 화이트와인 15ml,
타임 2잎, 어린잎 5g, 발사믹 크림 15g, 소금, 통후추

준비_Prepare

1. 양송이버섯은 웨지, 애느타리버섯은 떼어 놓는다.
2. 양파와 마늘은 다지고 페스트리 시트는 2장을 겹치고 1장은 원형으로
   홈을 판다.

조리_Cooking

1. 페스트리 시트는 180℃에 굽는다.
2. 팬에 버터를 두르고 양파, 마늘을 볶고 새우, 애느타리버섯, 양송이버섯
   을 볶는다.
3. 화이트와인으로 플람베하고 생크림을 넣어 볶는다.
4. 씨 겨자와 타임을 넣고 소금과 통후추로 간하여 구운 페스트리에 담는다.

담기_Plating

볼오방을 담고 어린잎을 토핑하여 발사믹 크림을 뿌린다.

훔무스

Hummus

병아리콩(캔) 200g, 타히니 5g, 레몬주스 15ml, 올리브오일 30ml, 소금, 마늘 1개,
잣 7개, 파프리카파우더, 피타 브레드 1개, 콩 삶은 물(또는 정수) 150ml,
이태리파슬리 1잎, 정제버터 5ml

요리방법

준비_Prepare

1. 잣은 팬에 노릇하게 굽는다.
2. 병아리콩은 물에 약 10분간 삶고 삶은 물을 준비한다.(생병아리콩을 사
   용할 때는 물에 하루 불려서 푹 삶아 사용한다.)

조리_Cooking

블렌더에 삶은 병아리콩에 콩 삶은 물과 타히니, 올리브오일, 레몬주스, 마
늘, 소금을 넣고 갈아준다.(농도를 조절한다.)

담기_Plating

1. 훔무스를 따뜻하게 데우고 그릇에 담아 홈을 파서 올리브오일과 정제버
   터를 뿌리고, 파프리카파우더, 잣, 이태리파슬리를 토핑한다.
2. 피타 브레드를 1/2 잘라 팬에 데운 후 곁들인다.

스파이시 치킨 시저

Spicy Chicken Caesar Salad

닭가슴살 1개, 로메인 상추 100g, 칠리파우더 1g, 베이컨 1장, 식빵 1장,
정제버터 30ml, 올리브오일 30ml, 소금, 통후추, 그라나파다노 5g, 로즈마리 1잎

요리방법

준비_Prepare

1. 로메인 상추는 찬물에 담가 물기를 제거하고 4cm 크기로 썰어 놓는다.
2. 닭가슴살은 올리브오일, 로즈마리, 칠리파우더, 소금, 통후추로 마리네
   이드한다.

조리_Cooking

1. 마리네이드한 닭가슴살은 팬에 굽는다.
2. 베이컨은 1.5cm로 썰어 크리스피하게 굽고, 식빵은 3×1cm 크기로
   잘라 정제버터에 버무려 크루통을 만든다.

담기_Plating

1. 로메인 상추에 시저드레싱을 고루 묻혀 그릇에 담는다.
2. 구운 닭가슴살은 어슷하게 썰어 담고, 크루통, 베이컨, 그라나파다노를
   뿌린다.

콥 샐러드

Cobb Salad

믹스채소 50g, 방울토마토 4개, 달걀 1개, 베이컨 1개, 스위트 콘 30g, 오이 50g, 블랙올리브 3개, 그라나파다노 5g, 아보카도 1/4개, 할라피뇨 슬라이스 5개, 레몬 허브드레싱 50ml, 소금, 통후추, 어린잎 3g

요리방법

준비_Prepare

믹스채소는 찬물에 담가 물기를 제거한다.

조리_Cooking

1. 달걀은 완숙으로 삶아 1.5cm 크기로 썰고 할라피뇨는 거칠게 다진다.
2. 아보카도와 오이, 베이컨은 1.5cm로 썰고 베이컨은 크리스피하게 굽는다.
3. 방울토마토는 4등분, 블랙올리브는 0.2cm 두께의 원형으로 썰어 놓는다.

담기_Plating

1. 믹스채소를 담고 방울토마토, 오이, 달걀, 베이컨, 스위트 콘, 블랙올리브, 아보카도, 할라피뇨를 보기 좋게 담아 드레싱을 뿌린다.
2. 어린잎과 그라나파다노를 토핑한다.

마스카포네치즈 샐러드

Mascarpone Cheese Salad

믹스채소 70g, 방울토마토 2개, 마스카포네치즈 60g, 양파(가로 컷) 30g,
건크랜베리 7개, 블랙올리브 2개, 발사믹 드레싱 50ml, 아몬드슬라이스 3g,
호두 2개, 호밀빵 1/2개, 어린잎 3g, 소금, 통후추

요리방법 Cooking Method

준비_Prepare

1. 믹스채소는 찬물에 담가 물기를 제거한다.
2. 양파는 링으로 0.2cm, 방울토마토는 1/2, 블랙올리브는 0.3cm 두께
   로 자른다.

조리_Cooking

호밀빵은 4쪽으로 썰어 팬에 살짝 굽는다.

담기_Plating

1. 믹스채소와 방울토마토를 담고 마스카포네치즈, 블랙올리브, 건크랜베
   리, 아몬드슬라이스, 호두, 양파링 순서로 담는다.
2. 어린잎을 토핑하고 호밀빵을 곁들인다.

페타 치즈 파스타 샐러드

Pasta Salad with Feta Cheese

펜네 70g, 페타 치즈(큐브 허브절임) 7개, 방울토마토 5개, 오이 30g,
스위트 콘(캔) 30g, 블랙올리브 3개, 랜치드레싱 50g, 올리브오일 30ml,
어린잎 10g, 소금, 통후추

요리방법　　　　　　　　　　　　　　　　　　Cooking Method

준비_Prepare

1. 펜네는 뜨거운 물에 알덴테로 삶아 올리브오일을 발라서 식힌다.
2. 방울토마토는 1/2로 자르고 블랙올리브는 0.2cm 두께로 자른다.

조리_Cooking

1. 펜네와 방울토마토, 스위트 콘, 오이는 랜치드레싱에 버무린다.

담기_Plating

버무린 펜네를 담고 페타 치즈, 블랙올리브를 올리고 어린잎과 통후추로 토
핑한다.

쿠스쿠스 토마토샐러드

Couscous & Tomato Salad

쿠스쿠스 100g, 방울토마토 5개, 양파 20g, 청피망 20g, 홍피망 20g,
건포도 10개, 이태리파슬리 5잎, 바질 3잎, 올리브오일 50ml, 레몬주스 30ml,
소금, 통후추

요리방법 Cooking Method

준비_Prepare

1. 쿠스쿠스는 따뜻한 물(1.5배)에 5분간 담가 불린다.
2. 방울토마토는 1/4, 양파, 피망, 건포도는 브루노와즈(Brunoise), 파슬리, 바질은 거칠게 다진다.

조리_Cooking

쿠스쿠스에 올리브오일과 레몬주스, 소금, 통후추를 넣고 섞는다.

담기_Plating

샐러드용기에 담고 통후추와 바질을 뿌린다.

렌즈콩 수프

Lentil Soup

렌즈콩 100g, 양파 10g, 셀러리 5g, 대파 3g, 감자 30g, 마늘 1개,
치킨육수 200ml, 생크림 50ml, 가람 마살라, 트러플오일 2ml, 샐러드오일 15ml,
이태리파슬리 1잎, 소금, 통후추

요리방법

준비_Prepare

1. 렌즈콩은 물에 불리고 생크림 일부는 부드럽게 머랭을 준비한다.
2. 양파, 셀러리, 대파, 마늘은 미디엄 다이스로 자르고 감자는 얇게 썰어
   놓는다.

조리_Cooking

1. 냄비에 오일을 두르고 양파, 셀러리, 마늘을 볶다가 감자와 렌틸을 볶
   는다.
2. 치킨육수를 붓고 끓으면 중불에서 렌즈콩이 익을 때까지 은근히 끓인다.
3. 익으면 블렌더에 갈아 체에 거르고 생크림을 넣고 농도 조절 후 가람 마
   살라와 소금, 통후추로 간한다.

담기_Plating

수프 볼에 담고 생크림 머랭과 트러플오일을 뿌리고 이태리파슬리로 장식
한다.

부야베스

Bouillabaisse

도미 필렛 50g, 타이거새우 3마리, 블랙홍합 5개, 모시조개 5개, 양파 30g,
마늘 1개, 대파 10g, 감자 1/4개, 토마토 1/4개, 생선육수 300ml,
화이트와인 30ml, 토마토홀 1개, 오렌지 1/4개, 올리브오일 15ml, 버터 5g,
처빌 1잎, 건타임, 월계수 잎 1장, 샤프론, 소금, 통후추

요리방법

Cooking Method

준비_Prepare

1. 양파, 마늘, 대파, 감자는 2cm로 썰고 토마토는 껍질 제거 후 같은 크기
   로 썬다.
2. 도미 필렛은 3cm 크기로 저며 썰고 새우는 다리, 뿔, 꼬리를 손질한다.

조리_Cooking

1. 냄비에 오일을 두르고 양파, 마늘, 대파를 볶다가 감자를 볶는다.
2. (1)에 새우, 홍합, 모시조개를 볶은 뒤 생선을 넣고 화이트와인으로 플
   람베한다.
3. 화이트와인이 휘발되면 (2)에 생선육수와 샤프론, 토마토를 넣고 끓여
   건타임과 월계수 잎을 넣고 중불에서 시머링(Simmering)한다.
4. 소금과 통후추로 간하고 불을 끈 후 버터로 몽테(Monte)한다.

담기_Plating

수프 볼에 보기 좋게 담고 오렌지 제스트(Zest)를 처빌과 함께 토핑한다.

호박당근수프

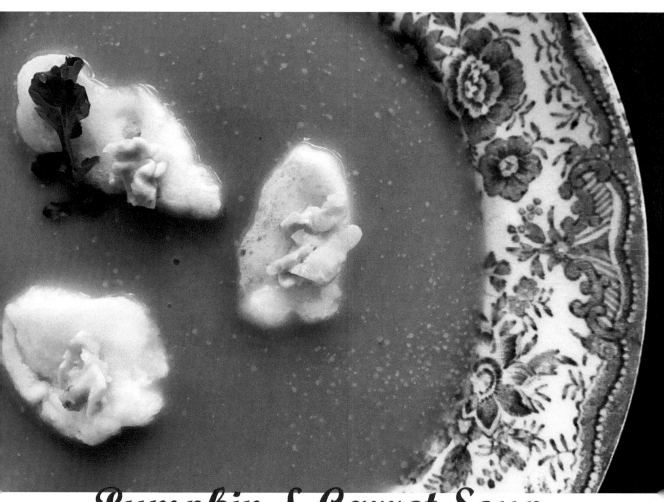

Pumpkin & Carrot Soup

재료 Ingredients

단호박 150g, 당근 50g, 양파 30g, 대파 20g, 셀러리 20g, 수삼 5g, 감초 1개,
통계피 2g, 월계수 잎 1장, 밀가루 30g, 버터 10g, 꿀 20g, 생크림 20ml,
달걀 1개, 호두 1개, 소금, 백후추

요리방법 Cooking Method

준비_Prepare

1. 단호박, 당근은 껍질을 제거하고 얇게 썰어 준비한다.
2. 호두는 불린 후 작게 자르고 양파, 대파(흰 부분), 셀러리는 얇게 썬다.

조리_Cooking

1. 냄비에 버터를 두르고 양파, 대파, 셀러리를 볶다가 단호박과 당근을 넣
   어 볶는다.
2. (1)에 밀가루를 넣고 볶아 정수, 수삼, 감초, 월계수 잎을 넣고 끓인다.
3. 내용물이 푹 삶아지면 감초와 월계수 잎은 제거하고 블렌더에 갈아 체
   에 거른다.
4. 냄비에 거른 수프를 담고 꿀, 소금, 후추, 생크림을 넣고 끓여 완성한다.
5. 달걀은 흰자 머랭을 올려 끓는 물에 한 스푼씩 넣어 데친다.

담기_Plating

수프 볼에 수프를 담고 익힌 달걀 머랭과 호두를 토핑한다.

라따뚜이와 그뤼에르 오믈렛

Gruyere Cheese Omelette
with Ratatouille

달걀 3개, 그뤼에르 치즈 20g, 양파 30g, 청피망 20g, 홍피망 20g, 가지 10g,
애호박 10g, 토마토홀 1개, 믹스채소 30g, 바게트 빵 1/4개, 발사믹 드레싱 20ml,
설탕 2g, 샐러드오일 30ml, 소금, 통후추

요리방법   Cooking Method

준비_Prepare

1. 믹스채소는 찬물에 담가 물기를 제거한다.
2. 양파, 피망, 가지, 애호박, 토마토홀은 1cm 다이스로 잘라 라따뚜이 재료를 준비한다.
3. 그뤼에르 치즈는 0.3cm 두께로 길게 썰고 달걀은 체에 내려 달걀물을 준비한다.

조리_Cooking

1. 라따뚜이 재료를 팬에 볶아 설탕, 소금, 통후추로 간한다.
2. 팬에 오일을 두른 후 달걀물을 스크램블하여 치즈를 채워 타원형으로 말아준다.
3. 바게트 빵은 사선 1cm 두께로 썰어 팬에 굽는다.

담기_Plating

접시에 오믈렛, 라따뚜이, 믹스채소(발사믹 드레싱 뿌리기), 바게트 빵을 보기 좋게 담는다.

건강식 화이트 오믈렛

Healthy White Omelette

달걀 5개, 양파 30g, 양송이버섯 2개, 표고버섯 1개, 브로콜리 50g,
방울토마토 5개, 알감자 3개, 올리브오일 30ml, 소금

요리방법

Cooking Method

준비_Prepare

1. 달걀흰자를 체에 거르고 양파, 양송이, 표고는 스몰다이스로 자른다.
2. 브로콜리는 한입 크기로 떼어낸다.

조리_Cooking

1. 알감자를 삶아 껍질을 제거하고 브로콜리와 방울토마토는 데친다.
2. 팬에 오일을 두른 후 양파와 양송이, 표고를 볶는다.
3. 달걀물을 넣고 소금간하여 천천히 저으면서 반 접듯이 말아준다.

담기_Plating

오믈렛을 담고 브로콜리, 알감자, 방울토마토를 곁들인다.

시금치 프리타타

Spinach Frittata

달걀 3개, 시금치 30g, 우유 30ml, 방울토마토 3개, 양파 20g, 대파 20g,
마늘 1개, 그라나파다노 3g, 샐러드오일 20ml, 발사믹 크림 10ml, 베이컨 1개,
루꼴라 20g, 베이크드 빈 50g, 타임 2잎, 양송이버섯 2개, 표고버섯 1개,
느타리버섯 2개, 호밀빵(or 바게트) 1/2개, 버터 10g, 소금, 통후추

요리방법

Cooking Method

준비_Prepare

1. 양파는 0.5cm, 대파, 베이컨은 1cm, 마늘은 다지고 방울토마토는 4등
   분한다.
2. 시금치는 잎만 떼어내고 양송이, 표고는 1/6등분, 느타리는 찢어 놓는다.
3. 달걀은 체에 걸러 소금, 후추, 우유를 넣어 달걀물을 준비한다.

조리_Cooking

1. 내열 프라이팬에 버터와 샐러드오일을 두르고 마늘, 양파, 베이컨을 볶
   다가 방울토마토와 시금치를 넣고 살짝 볶는다.
2. (1)에 달걀물을 넣고 스크램블하여 그라나파다노를 뿌려 180℃ 오븐에
   익힌다.
3. 팬에 버터와 샐러드오일을 두르고 버섯 3종에 소금, 후추, 타임을 넣고
   센 불에서 볶는다.
4. 호밀빵은 사선 1cm 두께로 썰어 팬에 굽고 베이크드 빈은 데운다.

담기_Plating

접시에 프리타타를 잘라 담고 루꼴라(발사믹 크림), 버섯, 베이크드 빈, 호밀
빵을 담는다.

에그 베네딕트

Egg Benedict

달걀 3개, 시금치 30g, 잉글리시 머핀 1개, 식초 30ml, 베이컨 2개, 알감자 3개,
방울토마토 3개, 버터 5g, 정제버터 50ml, 소시지 1개, 허브에센스 20ml,
파슬리 1잎, 어린잎 5g, 샐러드오일 30ml, 소금, 통후추

준비_Prepare

1. 알감자는 삶은 후 껍질을 제거하고 어린잎은 찬물에 담가 놓는다.
2. 소시지는 사선으로 칼집을 내어 2~3등분하고 파슬리는 다진다.

조리_Cooking

1. 홀랜다이즈 소스 : 달걀노른자에 정제버터와 허브에센스를 조금씩 넣어
   주며 중탕하고 유화 및 농도를 조절한다. → 소금, 통후추로 간하고 파
   슬리를 섞는다.
2. 냄비에 정수, 식초, 소금을 넣고 끓으면 달걀을 포치(Poach)하고 시금
   치는 잎만 데쳐 물기를 제거한다.
3. 잉글리시 머핀은 가로로 반 갈라 버터를 바른 뒤 팬에 굽는다.
4. 팬에 오일, 버터를 두르고 알감자, 소시지, 베이컨, 방울토마토를 볶는
   다.(소금, 통후추 간)

담기_Plating

1. 잉글리시 머핀을 담고 시금치 → 포치드 에그 → 홀랜다이즈 소스 순으
   로 담아 살라만더나 토치로 색을 낸다.
2. 볶은 방울토마토, 알감자, 소시지, 베이컨과 어린잎을 곁들인다.

치아바타 햄 & 치즈 샌드위치

Ciabatta Ham & Cheese Sandwiches

햄 2장, 그뤼에르치즈 1장, 치아바타 1개, 바질페스토 15g, 마요네즈 20g

요리방법

준비_Prepare

1. 바질페스토와 마요네즈를 섞어 스프레드를 준비한다.
2. 햄과 치즈는 얇게 슬라이스한다.

조리_Cooking

1. 치아바타를 가로로 반 갈라 양쪽면에 스프레드를 고루 바른다.
2. 슬라이스한 햄과 치즈를 채운 후 윗면을 덮어 잘라 제공한다.

* 랩핑 후 냉장보관하여 사용할 수 있다.
* 따뜻하게 제공 시에는 빵을 굽고 치즈는 멜트(Melt)해서 제공한다.

담기_Plating

접시에 보기 좋게 담고 피클과 함께 제공한다.

셰프 클럽 샌드위치

Chef`s Club Sandwich

샌드위치용 식빵 3장, 닭가슴살 1개, 베이컨 2개, 달걀 1개, 양상추 30g,
토마토(가로 컷) 1/2개, 마요네즈 50g, 씨 겨자 20g, 버터 5g, 토마토케첩 30g,
오이피클(홀) 1개, 체다치즈 1장, 로즈마리 1잎, 올리브오일 20ml,
프렌치프라이 100g, 샐러드오일 100ml, 샌드위치꼬치 4개, 소금, 통후추

준비_Prepare

1. 닭가슴살은 두꺼우면 포를 뜨고 로즈마리, 올리브오일, 소금, 통후추로
   마리네이드한다.
2. 양상추는 찬물에 담가 물기를 제거한다.
3. 토마토는 0.5cm 두께의 원형으로 자르고 오이피클은 0.2cm 두께로
   얇게 썬다.

조리_Cooking

1. 닭가슴살과 베이컨은 굽고 마요네즈와 씨 겨자를 섞어 스프레드를 만든다.
2. 달걀은 프라이하고 식빵은 버터를 발라 팬에 구워 스프레드를 바른다.
3. 프렌치프라이는 170℃의 기름에 바삭하게 튀긴다.
4. 샌드위치는 (1) 양상추 → 닭가슴살 → 베이컨 → 달걀프라이, (2) 양상추
   → 토마토 → 오이피클 → 체다치즈를 올리고 나머지 한 장의 식빵을 덮
   어 손바닥으로 지그시 누른다.
5. 샌드위치 사방의 겉면을 잘라내고 꼬치를 꽂아 'X'자 형태로 자른다.

담기_Plating

접시에 담고 튀긴 프렌치프라이와 토마토케첩을 곁들인다.

크로크무슈

Croque Monsieur

샌드위치용 식빵 3장, 그뤼에르 치즈 2장, 슬라이스 햄 2장, 씨 겨자 20g, 버터 20g

요리방법　Cooking Method

조리_Cooking

1. 팬에 버터를 두르고 식빵은 바삭하게 굽고 햄도 굽는다.
2. 구운 식빵에 씨 겨자를 바르고 치즈와 햄을 넣어 치즈를 녹인다.

담기_Plating

가장자리는 자르지 않고 1/2로 잘라서 제공한다.

훈제연어 베이글 샌드위치

Smoked Salmon Bagel Sandwich

훈제연어 슬라이스 5장, 베이글 1개, 크림치즈 50g, 꿀 20g, 양파(가로 컷) 20g,
양상추 20g, 케이퍼 베리 5개, 홀스래디쉬 3g, 버터 5g, 통후추

요리방법　　　　　　　　　　　　　　　　Cooking Method

준비_Prepare

1. 양상추는 싱싱하게 준비하고 양파는 0.2cm 두께의 원형으로 자른다.
2. 크림치즈에 홀스래디쉬, 꿀과 통후추를 넣고 섞어 스프레드를 만든다.

조리_Cooking

1. 베이글 1/2을 가로로 잘라 버터를 바른 후에 굽는다.
2. 베이글에 스프레드를 바르고 훈제연어, 케이퍼 베리, 양상추, 양파 순으로 올린다.

담기_Plating

샌드위치 꼬치를 꽂거나 전용용지에 담아 제공한다.

까르보나라 시금치 페투치니

Carbonara Spinach Fettuccine

시금치 페투치니 60g, 생크림 150ml, 우유 100ml, 잣 7개, 베이컨 2개,
양송이버섯 2개, 표고버섯 1개, 달걀 1개, 마늘 1개, 그라나파다노 5g, 바질 1잎,
올리브오일 30ml, 소금, 통후추

요리방법

Cooking Method

준비_Prepare

1. 양송이는 1/4등분 웨지, 표고는 1/6등분 웨지로 썰어 준비한다.
2. 마늘은 편 썰고 베이컨은 2cm 크기로 썰어 놓는다.

조리_Cooking

1. 끓는 물에 소금을 넣고 페투치니를 알덴테로 삶고 잣은 팬에 노릇하게 굽는다.
2. 팬에 오일을 두르고 마늘, 베이컨을 볶다가 양송이, 표고버섯을 볶는다.
3. (2)에 생크림과 우유를 넣고 끓인 후 페투치니를 넣고 농도를 조절하여 소금과 통후추로 간한다. → 불을 끈 후 달걀노른자와 그라나파다노를 넣고 섞는다.(생크림과 우유, 달걀노른자, 그라나파다노는 미리 섞어놓고 사용하면 좋다.)

담기_Plating

그릇에 담고 구운 잣과 바질 잎, 그라나파다노를 토핑한다.

연어 파르팔레

Salmon Farfalle

연어 70g, 파르팔레 60g, 썬 드라이 토마토 2개, 양파 30g, 마늘 1개,
블랙올리브 3개, 버터 10g, 아스파라거스 1개, 썬 드라이 토마토 페스토 50g,
화이트와인 30ml, 올리브오일 30ml, 처빌 1잎, 딜 1잎, 소금, 통후추

요리방법   Cooking Method

준비_Prepare

1. 양파는 1cm 다이스, 마늘은 편, 썬 드라이 토마토는 길이로 3등분한다.
2. 아스파라거스는 4cm로 썰어 끓는 물에 데친다.
3. 연어는 너비 3cm, 두께 1cm로 썰어 올리브오일, 딜, 소금, 통후추로 마리네이드한다.

조리_Cooking

1. 파르팔레는 끓는 물에 알덴테로 삶고 삶은 물은 남겨 놓는다.
2. 팬에 오일을 두른 후 마늘과 양파를 볶고 그 위에 연어를 얹어 스웨이트(Sweat) 후 화이트와인으로 플람베한다.
3. (2)에 파스타육수와 썬 드라이 토마토 페스토, 파르팔레를 넣고 섞는다.
4. (3)에 아스파라거스, 썬 드라이 토마토, 올리브를 넣고 소금과 통후추로 간한다.

담기_Plating

버터로 몽테(Monte)하여 완성하고 그릇에 담아 처빌을 토핑한다.

생모차렐라치즈 & 토마토 스파게티

Fresh Mozzalella Cheese & Pomodoro Spaghetti

스파게티 70g, 토마토소스 250g, 생모차렐라치즈 50g, 방울토마토 4개, 마늘 1개, 페페론치노 1개, 바질 1잎, 파르마산 치즈 5g, 루꼴라 20g, 올리브오일, 소금, 후추

요리방법

Cooking Method

준비_Prepare

1. 방울토마토는 1/2로 자르고 모차렐라치즈는 0.5cm 두께로 슬라이스 한다.
2. 마늘은 얇게 편 썬다.

조리_Cooking

1. 스파게티는 끓는 물에 소금간하여 7~8분간 알덴테로 삶아 올리브오일을 뿌린다.
2. 팬에 오일 두른 후 마늘 → 페페론치노, 방울토마토 → 면수 또는 육수 넣고 졸이기 → 토마토소스 → 소금, 후추 → 불 끄고 모차렐라치즈, 루꼴라를 섞는다.

담기_Plating

파스타 접시에 담고 루꼴라, 바질 잎을 올린 후 파르마산 치즈를 뿌려 제공한다.

아라비아타 펜네

Penne Arabiatta

펜네 70g, 마늘 1개, 올리브오일 20ml, 토마토소스 200g, 페페론치노 3개,
방울토마토 3개, 바질 2잎, 그라나파다노 5g, 소금, 통후추

요리방법   Cooking Method

준비_Prepare

방울토마토는 2등분, 마늘은 편으로 썬다.

조리_Cooking

1. 펜네는 끓는 물에 알덴테로 삶는다.
2. 팬에 오일을 두르고 마늘을 볶다가 페페론치노를 손으로 부셔 살짝 볶
   는다. → 토마토소스 → 펜네, 방울토마토, 바질 잎을 뜯어서 넣고 끓인
   다. → 소금, 통후추로 간하고 불에서 내려 그라나파다노를 넣고 섞는다.

담기_Plating

바질 잎과 그라나파다노를 토핑한다.

쥬키니와 바질페스토의 봉골레 링기네

Vongole Linguine with Zucchini, Basil Pesto

링기네 70g, 양파 30g, 마늘 1개, 모시조개 10개, 쥬키니 1/4개, 바질페스토 30g,
화이트와인 30ml, 올리브오일 30ml, 버터 10g, 페페론치노 1개, 바질 1잎,
소금, 통후추

요리방법

Cooking Method

준비_Prepare

1. 모시조개는 해감, 링기네는 알덴테로 삶고 양파는 다진다.
2. 마늘은 편으로 썰고 쥬키니는 0.2cm 두께의 1×5cm 크기로 썬다.

조리_Cooking

1. 팬에 오일을 바르고 양파, 마늘을 볶다가 쥬키니를 넣고 볶는다.
2. 모시조개를 넣고 화이트와인으로 플람베하고 조개육수와 링기네를 넣는다.
3. 조개의 입이 벌어지면 바질페스토와 페페론치노를 손으로 부셔 넣고 소금, 통후추로 간한다.
4. 버터를 넣어 섞어준다.

담기_Plating

바질 잎을 올린다.

시금치 & 쉬림프 라자냐

Spinach & Shrimp Lasagna

라자냐 3장, 시금치 50g, 생새우살 5개, 베샤멜소스 200g, 썬 드라이 토마토 2개, 바질 3잎, 마늘 1개, 올리브오일 15ml, 버터 20g, 파르마산 치즈 10g, 소금, 후추

요리방법

준비_Prepare

1. 마늘, 바질, 새우살은 거칠게 다지고, 시금치는 데친 후 다진다.
2. 썬 드라이 토마토는 1/2 또는 1/3의 길이로 자른다.

조리_Cooking

1. 팬에 버터 → 마늘 → 새우 → 시금치 넣고 소금, 후추 간하여 볶는다.
2. 라자냐는 끓는 물에 소금간하여 5분간 삶아 올리브오일을 뿌린다.
3. 베샤멜소스에 볶은 시금치와 새우, 다진 바질을 섞는다.
4. 라자냐 용기에 버터를 바르고 라자냐 → 혼합한 베샤멜 → 썬 드라이 토마토 → 파르마산 치즈 순으로 2회 반복하여 겹친다.
5. 200℃ 오븐에 (4)를 넣고 7~10분간 익힌다.
6. 오븐에서 꺼내어 썬 드라이 토마토와 바질 잎, 파르마산 치즈를 토핑한다.

담기_Plating

오븐에 조리한 상태로 피클과 함께 제공한다.

치킨살사 퀘사디아

Chicken Salsa Quesadilla

닭가슴살 1개, 또띠아(10인치) 2장, 스위트 콘 30g, 모차렐라치즈 40g,

그라나파다노 3g, 발사믹 크림 10g, 어린잎 5g, 로즈마리 1잎, 양파 20g,

청피망 20g, 홍피망 20g, 할라피뇨 20g, 토마토케첩 60g, 핫소스 5ml,

건오레가노, 블랙올리브 2개, 레몬주스 10ml, 올리브오일 30ml, 소금, 통후추

준비_Prepare

1. 닭가슴살은 올리브오일, 로즈마리, 소금, 통후추로 마리네이드하여 팬에 구워 찢는다.
2. 양파, 피망, 할라피뇨는 거칠게 다지고 블랙올리브는 0.2cm 두께로 썰어 놓는다.

조리_Cooking

1. 치킨살사 : 팬에 오일을 두르고 양파와 피망을 먼저 볶은 뒤 구운 닭가슴살, 토마토케첩, 핫소스, 건오레가노를 넣어 볶다가 할라피뇨, 블랙올리브, 레몬주스, 소금, 통후추를 섞는다.
2. 12인치 팬에 또띠아를 깔고 치킨살사 → 스위트 콘 → 모차렐라치즈 → 그라나파다노를 올리고 또띠아로 덮어 약한 불에서 굽는다.

담기_Plating

6등분으로 커팅하여 접시에 담고 어린잎과 발사믹 크림을 토핑한다.

스파이시 치킨 랩

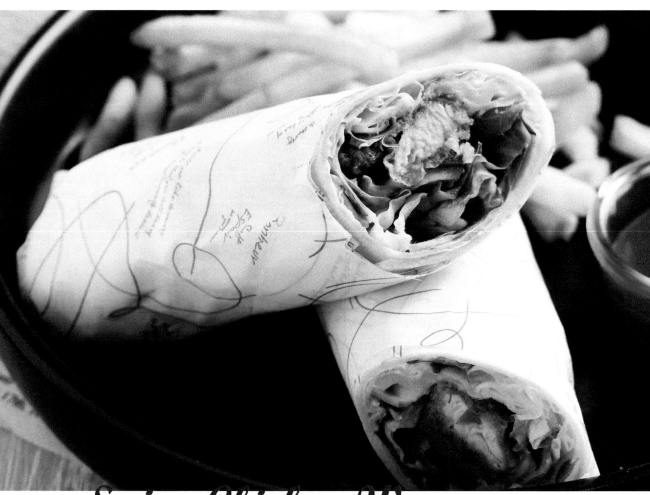

Spicy Chicken Wrap

닭가슴살 1/2개, 또띠아(10인치) 1장, 사워크림 20g, 믹스채소 50g, 체다치즈 1장,
오이피클(홀) 1개, 프렌치프라이 100g, 토마토살사 50g, 치킨파우더 150g,
칠리파우더, 씨 겨자소스 30g, 샐러드오일 200ml, 소금, 백후추, 통후추

요리방법   Cooking Method

준비_Prepare

1. 믹스채소는 찬물에 담가 물기를 제거한다.
2. 닭가슴살은 1.5cm 두께로 썰어 올리브오일, 칠리파우더, 소금, 통후추
   로 마리네이드한다.
3. 오이피클은 0.3cm 두께로 길게 썰고 체다치즈는 3등분한다.

조리_Cooking

1. 프렌치프라이는 170℃의 기름에 바삭하게 튀긴다.
2. 치킨파우더에 정수를 섞어 튀김옷(Batter)을 만들고 닭가슴살을 배터액
   → 파우더에 고루 묻혀 170℃ 기름에 튀긴다.
3. 또띠아에 사워크림 → 믹스채소 → 토마토살사 → 오이피클 → 닭가슴
   살튀김 → 치즈 → 씨 겨자소스를 뿌리고 또띠아가 찢어지지 않게 말아
   유산지로 포장한다.

담기_Plating

절반으로 커팅하여 그릇에 담고 프렌치프라이와 토마토케첩을 곁들인다.

그릴드 비프 랩

Grilled Beef Wrap

쇠고기안심 70g, 또띠아(10인치) 1장, 사워크림 20g, 믹스채소 50g, 양파 30g,
청피망 20g, 홍피망 20g, 오이피클(홀) 1개, K-치폴레소스 30g,
프렌치프라이 100g, 체다치즈 1장, 루꼴라 20g, 베이컨 2개, 로즈마리 1잎,
샐러드오일 200ml, 올리브오일 30ml, 토마토케첩 20g, 소금, 통후추

요리방법 ┃ Cooking Method

준비_Prepare

1. 믹스채소와 루꼴라는 찬물에 담가 물기를 제거한다.
2. 쇠고기는 1.5cm 두께로 길게 썰어 올리브오일, 로즈마리, 소금, 통후추로 마리네이드한다.
3. 오이피클은 0.3cm 두께로 길게 썰고 피망, 양파는 쥘리앙(Julienne)으로 커팅(6×0.5cm)한다.
4. 체다치즈는 3등분한다.

조리_Cooking

1. 프렌치프라이는 170℃의 기름에 바삭하게 튀긴다.
2. 팬에 피망과 양파, 베이컨을 볶고 쇠고기는 그릴에 굽는다.
3. 또띠아에 사워크림 → 믹스채소 → 루꼴라 → 오이피클 → 쇠고기 → 베이컨 → 양파와 피망 → 치즈 → K-치폴레소스를 뿌리고 또띠아가 찢어지지 않게 말아 유산지로 포장한다.

담기_Plating

절반으로 커팅하여 그릇에 담고 프렌치프라이와 토마토케첩을 곁들인다.

샤프론 아란치니

Saffron Arancini

샤프론 라이스 200g, 모차렐라치즈 15g, 그라나파다노 10g, 달걀 1개,
밀가루 30g, 빵가루 100g, 라구소스 150g, 올리브오일 30ml, 샐러드오일 100ml,
오레가노 1잎, 소금, 통후추

요리방법   Cooking Method

준비_Prepare

샤프론 라이스와 라구소스를 준비한다.

조리_Cooking

1. 샤프론 라이스에 소금으로 간하고 모차렐라치즈와 그라나파다노를 채
   워 둥글게 말아준다.
2. (1)에 밀가루 → 달걀물 → 빵가루 순으로 입혀 170℃의 기름에 노릇하
   게 튀긴다.

담기_Plating

라구소스를 담고 튀긴 아란치니를 올려 오레가노와 그라나파다노를 뿌린다.

버섯 크림리소토

Mushroom Cream Risotto

쌀 150g, 아스파라거스 2개, 양송이버섯 2개, 표고버섯 2개, 애느타리버섯 20g, 치킨육수 200ml, 화이트와인 50ml, 버터 5g, 올리브오일 20ml, 양파 15g, 마늘 1개, 그라나파다노 5g, 생크림 20ml, 어린잎 2g, 소금, 통후추

요리방법 Cooking Method

준비_Prepare

1. 쌀은 불리고 아스파라거스는 3cm로 썰어 끓는 물에 데친다.
2. 양파, 마늘은 다지고 양송이, 표고버섯은 웨지로 자르고 애느타리는 찢어 놓는다.

조리_Cooking

1. 팬에 올리브오일과 버터를 두르고 양파, 마늘을 볶는다.
2. 버섯과 아스파라거스를 넣고 볶다가 쌀을 넣고 볶는다.
3. 화이트와인으로 데글라세하고 치킨육수를 조금씩 부어가며 볶는다.
4. 완성될 때쯤 생크림을 넣고 소금과 통후추로 간하여 그라나파다노를 섞는다.

담기_Plating

어린잎을 올리고 그라나파다노를 뿌린다.

해산물 빠에야

Seafood Paella

쌀 120g, 새우 30미 3개, 오징어 몸통 1개, 홍합 5개, 양파 30g, 마늘 1개, 청피망 1/4개, 홍피망 1/4개, 토마토 1/2개, 이태리파슬리 5g, 샤프론 약간, 화이트와인 30ml, 올리브오일, 소금, 후추

준비_Prepare

1. 양파, 피망, 토마토는 다이스 커팅하고 마늘과 파슬리는 찹한다.
2. 오징어는 0.5cm 두께로 링 커팅하고, 새우는 내장과 뿔, 물총을 제거한다.
3. 홍합은 돌이나 이끼가 없이 깨끗이 씻는다.

조리_Cooking

팬에 오일을 두른 후 마늘 → 새우, 오징어, 홍합 → 육수 또는 물 → 샤프론, 쌀 넣고 끓이기 → 소금, 후추 → 해산물 정리 → 피망과 토마토, 파슬리 찹 토핑 → 200℃ 오븐에 약 10분간 조리한다. (팬에서는 뚜껑을 덮고 약불에서 5분 조리)

담기_Plating

조리한 팬 자체로 제공하고 파슬리를 토핑하여 제공한다.

리오네즈 소스의 채끝등심

Strip loin Steak with Lyonnaise Sauce

채끝등심 150g, 달걀 1개, 발사믹 식초 30ml, 레드와인 30ml, 양파 50g,
파인애플(캔) 1개, 감자 1개, 브로콜리 30g, 루꼴라 10g, 로즈마리 1잎,
우유 100ml, 스위트 콘 30g, 브라운소스 100ml, 올리브오일 50ml, 버터 30g,
설탕 3g, 소금, 통후추

요리방법　　　　　　　　　　　　　　　　　　　　　Cooking Method

준비_Prepare

1. 채끝등심은 올리브오일, 로즈마리, 소금, 통후추로 마리네이드한다.
2. 양파는 얇게 에맹세(Emincer)하고 브로콜리는 줄기까지 큼직하게 떼어
   끓는 물에 데친다.

조리_Cooking

1. 콘 매쉬드 감자 : 감자는 껍질 제거 후 큼직하게 썰어 삶아서 으깨고 스
   위트 콘, 우유를 넣어 볶다가 소금과 통후추로 간을 맞춘다. → 불에서
   내린 뒤 버터를 넣고 섞어준다.
2. 발사믹 리오네즈소스 : 팬에 오일을 두르고 양파를 갈색이 될 때까지 볶
   는다. → 레드와인으로 플람베(Flambe)하고 발사믹 식초와 설탕을 넣
   고 조린다. → 브라운소스를 넣어 농도 조절 후 소금, 통후추로 간을 맞
   추고 불을 끈 후 버터를 섞어준다.
3. 채끝등심은 미디엄 웰던으로 굽고 달걀은 반숙으로 프라이한다.
4. 브로콜리와 파인애플은 센 불에서 단시간 소테(Sauté)한다.

담기_Plating

채끝등심을 담고 달걀 반숙을 올린 후 소스를 뿌린다. → 콘 매쉬드 감자와
파인애플, 브로콜리, 루꼴라를 곁들인다.

레몬크림의 연어구이

Salmon Steak with Lemon Cream

Ingredients

연어 150g, 그린 빈 30g, 알감자 2개, 마늘 5개, 양파(가로 컷) 50g, 청피망 50g,
홍피망 50g, 딜 1잎, 로즈마리 1잎, 타임 1잎, 레몬 1/4개, 씨 겨자 10g,
화이트와인 20ml, 생크림 70ml, 버터 20g, 올리브오일 60ml, 소금, 통후추

요리방법

Cooking Method

준비_Prepare

1. 연어는 올리브오일, 딜, 소금, 통후추로 마리네이드한다.
2. 알감자는 껍질째 삶은 후 껍질을 제거하고 4등분한다.
3. 양파는 1cm 두께의 원형 슬라이스, 피망은 1/2의 사선으로 썰어 놓는다.
4. 양파와 마늘 1개, 로즈마리는 다져 놓는다.

조리_Cooking

1. 연어는 팬에 시어(Sear)하고 화이트와인으로 플람베 후 오븐에서 익힌다.
2. 마늘은 올리브오일에 타임을 줄기째 넣고 낮은 온도의 오븐이나 팬에서
   천천히 익힌다.(Confit 타입)
3. 그린 빈, 양파, 피망은 오일 두른 팬에 소금과 통후추로 간하여 센 불에
   서 볶는다.
4. 알감자는 버터, 로즈마리, 소금, 통후추를 넣고 볶다가 마지막에 씨 겨자
   를 넣고 섞는다.
5. 레몬크림소스 : 소스 팬에 오일을 두르고 다진 마늘, 다진 양파를 볶아
   화이트와인으로 데글라세(Deglacer)한다. → 생크림을 넣고 끓이면서
   농도를 조절하고 레몬즙을 넣는다. → 소금과 통후추로 간을 맞춘다.

담기_Plating

구운 연어와 곁들임 채소를 담고 레몬크림소스를 뿌려준다.

카라멜라이즈 바나나와 팬케이크

Pan Cake with Caramelized Banana

팬케이크 반죽 250g, 바나나 1/2개, 황설탕 15g, 스위트와인 30ml,
휘핑크림 50ml, 버터 10g, 팬케이크시럽 30ml, 슈거파우더 10g, 애플민트 1잎

준비_Prepare

1. 바나나는 어슷하게 3등분하여 준비한다.
2. 휘핑크림은 거품기(Whipper)로 저어 거품형태로 준비한다.

조리_Cooking

1. 팬케이크 반죽을 약한 불에서 색이 고루 날 수 있게 굽는다.
2. 팬에 버터를 넣고 바나나와 황설탕을 첨가하여 갈색이 나면 스위트와인
   으로 플람베한다.

담기_Plating

1. 팬케이크를 겹쳐 담고 그 위에 구운 바나나와 애플민트를 올리고 슈거
   파우더를 뿌린다.
2. 휘핑크림과 팬케이크시럽을 곁들인다.

프렌치토스트와 계절과일

French Toast &
Seasonal Fruits

홀 식빵 1/2개, 달걀 3개, 계절과일(사과, 딸기, 망고, 파인애플, 포도 등), 버터 20g, 슈거파우더, 애플민트 1잎, 메이플 시럽 20ml, 휘핑크림 50ml

준비_Prepare

1. 홀 식빵은 가장자리는 제거하고 두툼한 사각으로 썬다.
2. 달걀은 체에 내려 달걀물을 준비하고 휘핑크림은 머랭을 올려 준비한다.

조리_Cooking

1. 팬에 버터를 두르고 홀 식빵에 달걀물이 흡수되게 하고 사방에 색을 낸 후 180℃ 오븐에서 흡수된 달걀물이 익도록 토스트한다.
2. 계절과일은 한입 크기로 보기 좋게 썰어 놓는다.

담기_Plating

1. 토스트를 담고 애플민트, 슈거파우더를 뿌린다.
2. 계절과일과 메이플 시럽, 휘핑크림을 곁들인다.

아이스크림을 채운 크레페

Crepe Filled with Ice Cream

크레페 반죽 50g, 설탕 10g, 아이스크림 1 Scoop, 버터 5g, 오렌지 1/2개,
오렌지주스 200ml, 체리와인 2ml, 슈거파우더 5g, 전분물, 라즈베리 3개,
레몬주스 5ml, 애플민트 1잎

요리방법

준비_Prepare

오렌지는 세그먼트(Segment), 제스트(Zest)하고 즙을 따로 준비한다.

조리_Cooking

1. 크레페 팬에 반죽을 얇게 부치고 식으면 아이스크림을 채운다.
2. 오렌지주스(즙 포함)에 설탕, 체리와인, 레몬주스, 오렌지 제스트, 세그먼트를 넣고 끓인 후 전분물로 농도를 조절하고 불에서 내려 버터를 넣어 섞어준다.

담기_Plating

1. 오렌지소스를 담고 아이스크림을 채운 크레페를 올린다.
2. 라즈베리와 애플민트로 장식하고 슈거파우더를 뿌린다.

와플

Waffle

와플반죽 150g, 라즈베리 3개, 애플민트 1잎, 메이플 시럽 30ml, 슈거파우더

요리방법

조리_Cooking

1. 와플메이커를 예열해 놓는다.(브랜드의 스펙에 따라 온도는 조절)
2. 충분히 예열되면 와플반죽을 넣고 굽는다.

담기_Plating

와플을 담고 라즈베리와 애플민트로 장식하고 슈거파우더를 뿌려 메이플
시럽을 곁들인다.

에그 타르트

Egg Tart

페스트리 시트(7×7cm) 5장 또는 타르트 쉘 5개, 달걀 1개, 생크림 50ml,
우유 60ml, 설탕 25g, 바닐라에센스 1ml, 딸기잼 30g, 라즈베리 5개, 애플민트 2잎

준비_Prepare

페스트리 시트를 타르트 틀에 맞춰 잘라 넣는다.

조리_Cooking

1. 필링(Filling) : 생크림과 우유, 설탕을 기포가 날 때까지만 끓인다. →
   달걀노른자와 바닐라에센스를 넣고 섞어 체에 거른다.
2. 쉘에 필링을 90% 채운다.
3. 180℃ 오븐에 25~30분간 구운 뒤에 식힌다.
4. 딸기잼으로 코팅하고 라즈베리와 애플민트를 토핑한다.

담기_Plating

보기 좋게 담는다.

Modern Brunch Cuisine & Beverage

음료

Beverage

토마토
Tomato

재료   Ingredients

토마토 2개, 탄산수 또는 정수 100ml, 각얼음 3개, 꿀 20g

요리방법   Cooking Method

● 블렌딩_Blending

1. 토마토는 꼭지를 제거한다.
2. 주서기에 모든 재료를 넣고 갈아준다.

망고

Mango

재료

Ingredients

망고 80g, 오렌지 1개, 플레인 요구르트 60g

요리방법

Cooking Method

. ● 블렌딩_Blending

1. 오렌지는 껍질을 제거한다.
2. 주서기에 모든 재료를 넣고 갈아 주스 잔에 담는다.

청포도

Green Grape

재료　　　　　　　　　　　　　　　　　　　Ingredients

청포도 200g, 정수 100ml, 각얼음 3개, 꿀 20g

요리방법　　　　　　　　　　　　　　　　Cooking Method

●● 블렌딩_Blending

1. 청포도는 줄기를 제거한다.
2. 주서기에 모든 재료를 넣고 갈아준다.

사과당근

Carropple

재료   Ingredients

사과 1개, 당근 1/2개(100g), 정수 50ml, 꿀 20g

요리방법   Cooking Method

● 블렌딩_Blending

1. 당근은 껍질을 제거하고 사과와 함께 깨끗이 세척하여 큼직하게 썬다.

2. 주서기에 사과, 당근, 정수를 넣고 갈아준다.

3. 꿀을 섞어 주스 잔에 담는다.

딸기바나나

Strawbana

재료

Ingredients

딸기(냉동 사용가능) 10개, 바나나 1개, 우유 150ml, 각얼음 3개

요리방법

Cooking Method

블렌딩_Blending

1. 딸기는 꼭지를 떼고 바나나는 껍질을 제거한다.
2. 주서기에 모든 재료를 넣고 갈아준다.
3. 필요하면 꿀을 섞는다.

해독주스
Detox Juice

안티에이징
Anti-aging

재료 Ingredients

토마토 1개, 오렌지 1개, 오이 20g, 파프리카(노랑) 1/2개, 셀러리 20g, 꿀 20g, 레몬즙 10ml

요리방법 Cooking Method

● 블렌딩_Blending

1. 오렌지는 껍질을 제거하고 오이는 돌기를 제거해준다.
2. 파프리카는 꼭지와 씨를 제거한다.
3. 모든 재료는 큼직하게 썰어서 준비한다.
4. 주서기에 토마토, 오렌지, 오이, 파프리카, 셀러리를 넣고 갈아준다.
5. 꿀과 레몬즙을 섞어 주스 잔에 담는다.

에너지
Energy

재료   Ingredients

수박 200g, 토마토 1개, 양배추 50g, 브로콜리 50g, 수삼 1/2개

요리방법   Cooking Method

● 블렌딩_Blending

1. 수박은 껍질, 씨를 제거하고 토마토는 꼭지를 제거한다.
2. 브로콜리와 양배추는 데친다.
3. 주서기에 모든 재료를 넣고 갈아 주스 잔에 담는다.

회복

Recovery

Ingredients

케일 5장, 셀러리 30g, 파인애플 1/4개, 포항초 시금치 30g, 정수 100ml

요리방법

Cooking Method

블렌딩_Blending

1. 파인애플은 껍질을 제거하고 큼직하게 썰어 놓는다.
2. 케일과 포항초는 깨끗이 씻어 큼직하게 썰어 놓는다.
3. 주서기에 파인애플과 케일, 시금치, 정수를 넣고 갈아 주스 잔에 담는다.

스무디
Smoothie

딸기
Strawberry

재료 Ingredients

냉동딸기 200g, 우유 200ml, 꿀 20g

요리방법 Cooking Method

● 블렌딩_Blending

딸기는 냉동상태로 나머지 재료들과 섞어 갈아준다.

바나나

Banana

재료   Ingredients

바나나 1개, 우유 150ml, 아이스크림 1 Scoop, 호두 2개, 각얼음 3개

요리방법   Cooking Method

◦● 블렌딩_Blending

모든 재료를 넣고 갈아준다.

블루베리
Blueberry

재료　　　　　　　　　　　　　　　　　　Ingredients

냉동 블루베리 150g, 우유 150ml, 플레인 요구르트 50ml, 꿀 15g

요리방법　　　　　　　　　　　　　　　　Cooking Method

●● 블렌딩_Blending

블루베리는 냉동상태로 나머지 재료들과 섞어 갈아준다.

망고

Mango

재료　　　　　　　　　　　　　　　　　　　　Ingredients

냉동망고 150g, 바나나 1/2개, 우유 150ml, 플레인 요구르트 50ml

요리방법　　　　　　　　　　　　　　　　　Cooking Method

.● 블렌딩_Blending

망고는 냉동상태로 나머지 재료들과 섞어 갈아준다.

아보카도

Avocado

재료   Ingredients

아보카도 1개, 바나나 1개, 우유 100ml, 각얼음 3개, 꿀 20g

요리방법   Cooking Method

●● 블렌딩_Blending

아보카도는 씨와 껍질을 제거하고 나머지 재료들과 섞어 갈아준다.

에이드
Ade

레몬
Lemon

재료   Ingredients

레몬 2개, 설탕시럽 25ml, 탄산수 250ml, 각얼음

요리방법   Cooking Method

● 블렌딩_Blending

1. 레몬은 즙을 내고 설탕시럽과 섞어 에이드 잔에 넣는다.
2. 얼음과 탄산수를 넣고 레몬슬라이스를 토핑한다.

오렌지

Orange

재료   Ingredients

오렌지 2개, 설탕시럽 25ml, 탄산수 250ml, 각얼음

요리방법   Cooking Method

● 블렌딩_Blending

1. 오렌지는 즙을 내고 설탕시럽과 섞어 에이드 잔에 넣는다.
2. 얼음과 탄산수를 넣고 오렌지 슬라이스를 장식한다.

자몽
Grapefruits

재료 · Ingredients

자몽 1개, 설탕시럽 25ml, 탄산수 250ml, 각얼음

요리방법 · Cooking Method

.● 블렌딩_Blending

1. 자몽은 즙을 내고 설탕시럽과 섞어 에이드 잔에 넣는다.
2. 얼음과 탄산수를 넣고 자몽 슬라이스로 장식한다.

복숭아

Peach

재료   Ingredients

복숭아 2개, 설탕 100g, 탄산수 250ml, 각얼음

요리방법   Cooking Method

．．● 블렌딩_Blending

1. 복숭아는 껍질과 씨를 제거하고 설탕에 청을 만든다.(7일 후 사용)
2. 복숭아청에 복숭아를 으깨어 잔에 담는다.
3. 얼음과 탄산수를 넣어 복숭아로 장식한다.

모히토

Mojito

재료

라임(레몬) 2개, 럼주 10ml, 설탕시럽 20ml, 탄산수 250ml, 애플민트 5잎, 각얼음

요리방법

● 블렌딩_Blending

1. 애플민트는 찧어서 준비하고 라임은 즙을 짠다.
2. 잔에 라임즙, 럼주, 설탕시럽을 넣고 섞는다.
3. 애플민트, 얼음, 탄산수를 넣고 라임 슬라이스로 장식한다.

저자소개

민경천

한국관광대학교 호텔조리과 교수
국가공인 조리기능장

김창현

한국관광대학교 호텔조리과 교수
국가공인 조리기능장

저자와의
합의하에
인지첩부
생략

모던 브런치요리 & 음료

2022년 7월 10일 초판 1쇄 발행
2023년 7월 15일 초판 2쇄 발행

지은이 민경천·김창현
펴낸이 진욱상
펴낸곳 (주)백산출판사
교 정 성인숙
본문디자인 신화정
표지디자인 오정은

등 록 2017년 5월 29일 제406-2017-000058호
주 소 경기도 파주시 회동길 370(백산빌딩 3층)
전 화 02-914-1621(代)
팩 스 031-955-9911
이메일 edit@ibaeksan.kr
홈페이지 www.ibaeksan.kr

ISBN 979-11-6567-538-7 13590
값 15,000원